U0313328

新古典风格样板房设计

NEOCLASSICAL STYLE
SHOWFLAT DESIGN

北京大国匠造文化有限公司 编

中国林业出版社

图书在版编目（ＣＩＰ）数据

新古典风格样板房设计 / 北京大国匠造文化有限公司 编 . -- 北京 : 中国林业出版社 , 2018.5

ISBN 978-7-5038-9448-0

Ⅰ . ①新… Ⅱ . ①北… Ⅲ . ①住宅－室内装饰设计－图集 Ⅳ . ① TU241-64

中国版本图书馆 CIP 数据核字 (2018) 第 037593 号

中国林业出版社 · 建筑分社
策　　划：纪　亮
责任编辑：纪　亮　　王思源　　樊　菲
-- --------

出版：中国林业出版社（100009 北京西城区德内大街刘海胡同 7 号）
网站：lycb.forestry.gov.cn
印刷：北京利丰雅高长城印刷有限公司
发行：中国林业出版社
电话：（010）8314 3518
版次：2018 年 5 月第 1 版
印次：2018 年 5 月第 1 次
开本：1/16
印张：19
字数：150 千字
定价：320.00 元

样板房的前世今生

样板房是商品房的一个包装，也是购房者装修效果的参照实例。样板房除了能把你今后的家居生活，活灵活现的勾画在你面前，让你看到前沿的设计潮流，还可以把新房的房间空旷感缩小，使你更真切地感受以后的生活空间。

从房地产的发展状况来看，房地产开发商在早期的项目开发上，是没有样板房这个概念的，其开发意识纯粹是为了满足人们简单基本的居住需求。直到房地产发展到一定阶段时，地产开发才从最初的粗放型向规划型转变，才开始有了样板房，不过，这种"样板房"只是一般的装修处理，在装修设计上，几乎没有融入什么概念，换句话说，这种样板房，其实就是一般的装修房。随着房地产市场的逐渐成熟以及购房客户的理性置业，样板房的设计和装修，才算进入了真正意义上的文化思维理念。

开发商设置样板房是以展示促销为目的的，为保证样板房的整体视觉效果，往往不考虑装饰成本，在材料使用上也力求尽善尽美，不惜重。家具、厨卫设备也极其高档，都是厂家为样板房"量身定做"，再加上灯光效果的运用，如果购房者的装修预算没有这么高的话，是无论如何也达不到这种效果的。为了取得更好的装修效果，吸引购房者，样板间的门窗和配套设施的品牌档次一般较高。

样板房不同于一个花瓶，不只是作为简单的展示，而是楼盘风格与文化的一种再现，透过样板房，能让购房者感受到一种良好的居家氛围，一种使人倍感舒适的生活方式。因此，好的设计师会把真实与想象空间二合为一，具体来讲就是运用和可以感觉到的光线与影像去表达设计意念，为了强化设计构思也常常使用新的材料、新技术，但主要着力点在于不断追寻新的创意，不断地挖掘楼盘本身的文化内涵。

毕竟一个好的样板房，在很大程度上能让人们品味到居住文化的内涵，更多是激起购房客户的购买欲望，使开发商在项目销售上占据先机，从而赢得很好的经济和社会效益。出于这样的考虑，不少开发商，过多地追求了样板房的"超凡脱俗"，同时也脱离了楼盘本身的客户定位或说楼盘的内在质素。过于超前的装修风格，也让不少购房客户感到样板房在实际的运用上，离居家文化越走越远。

我们倡导理性消费，更希望在当下的居住生活里体会到绿色低碳的产品带给我们的幸福和美好。在样板房设计的潮流中，我们希望看到越来越多的注入文化特色和创新思维的好作品，让样板房真正发挥它在一个行业里引领消费的作用。

本书收录了最近两年亚太地区、尤其是中国地区的部分具有代表性的样板房设计作品，虽然说他们不能完全代表亚太地区这个时期样板房发展的现状，但至少透过这些作品，我们可以看出这个地区样板房发展的一些端倪。亚洲目前是世界经济发展的热点，亚洲的房地产行业在全世界也是发展最快、最活跃的一股力量，作为配套的服务项目——样板房的设计市场之大、前景之好无需多言，有理由相信，在不久的将来，亚太地区，尤其是中国，我们的设计将代表潮流，引领世界！

目 录 /新古典风格8-95页/美式风格98-139页/英法风格140-237页/地中海风格240-261页/混搭风格262-299页/

目 录 /新古典风格8-95页/美式风格98-139页/英法风格140-237页/地中海风格240-261页/混搭风格262-299页/

NEW CLASSICAL STYLE

新古典风格

面对富裕崛起的东方世界，过去金碧辉煌的古典主义，冰冷的现代简约主义等纯粹的风格，都很难准确的表达当下人们多元的、跨地域、跨时代的审美情趣和生活态度，新装饰主义美学应运而生。新装饰主义，游走于传统与现代，它摒弃了穷极豪奢的庸俗，转而追求创新自我的风格，并展示出精致典雅的气质，当代设计的风范，用现代人的审美情趣来诠释古典传统的经典、端庄、大气，同时又不失时尚与华贵。

华美艺术装饰的超然气派

长沙捞刀河舒宅别墅样板房

开发商：长沙某房地产开发有限公司　　主设计师：黄奇、江祥文　　收稿时间：2013年
室内设计：居众装饰黄奇设计事务所　　项目面积：2500平方米　　供稿：黄奇
项目地点：湖南 长沙　　主要材料：石材、木质、艺术墙布、马赛克、皮革软包、镜子、不锈钢、金箔　　采编：黄安定

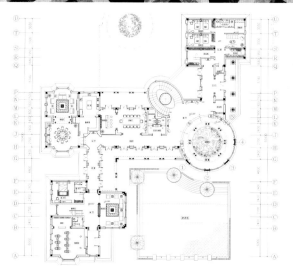

一层平面布置图

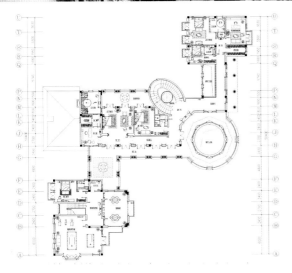

二层平面布置图

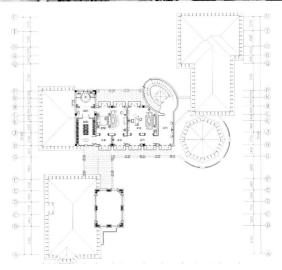

三层平面布置图

新装饰主义游走于传统与现代，它摒弃了穷极豪奢的庸俗，转而追求创新自我的风格，并展示出精致典雅的气质，当代设计的风范，用现代人的审美情趣来诠释古典传统的经典、端庄、大气，同时又不失时尚与华贵。

确立以新装饰主义美学来演绎一个成功家族的生活空间，在平面功能上，流线清晰，布局合理，空间序列完整并富于个性及趣味性节奏性。形式上将现代和传统结合，新概念、新工艺、新材质的引入，让原本端庄典雅的空间多了几分时尚的气息，彰显出独特的艺术魅力。细节处理上富于思考与创新，采用高科技的不锈钢冲压技术板来替代常规风口，极具视觉冲击；地面石材与拼花木地板的组合增强了空间的层次感及奢华感；精心设计的栏杆扶手、踏步灯光、地面大理石拼花等无不渲染着大气与华贵；精致的饰品与艺术陈列，独具特色的家，璀璨的灯饰处处都反映出主人独特的艺术审美和对高品质生活的追求！

白色、金色、米黄色是古典主义风格常用的主色调。该空间以大理石铺成地面，大气、通透，糅合少量的白色使色彩看起来明亮、大方，整个空间给人以开放、包容的非凡气度。玄关处的意象画，为空间增添了几分艺术气息。客厅中软装以优雅细致的面料和丰富的材质交相辉映，大理石铺成的楼梯气势宏伟，足够层高、超大面积的吊顶，奢华的家私，无不展现雍容华贵的空间气度，每一处细节都彰显了主人高贵、细腻的生活品质。

将古典主义进行到底

温州龙湾灵昆别墅样板房

开发商：杭州某开发商 主设计师：俞建荣 收稿时间：2013年
室内设计：温州市伟业装饰有限公司 项目面积：600平方米 供稿：温州市伟业装饰有限公司
项目地点：浙江 温州 主要材料：大理石、玻璃、瓷砖、铁艺、地毯、实木地板、墙纸、墙漆 采编：黄安定

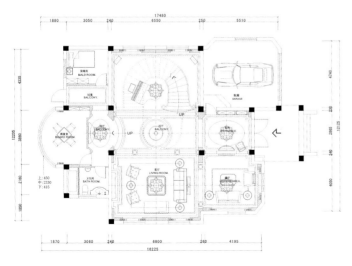

一层平面布置图

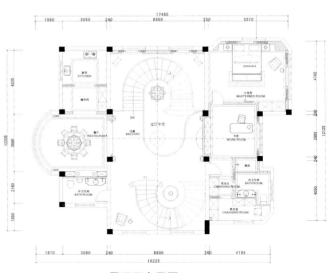

二层平面布置图

三层平面布置图

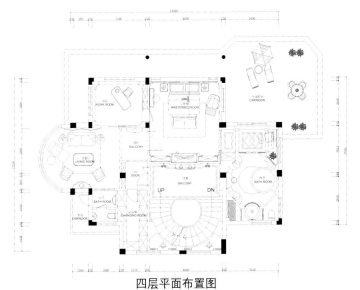

四层平面布置图

经典的设计风格，融合古典风情色彩文化，配以奢华的家具、别具特色的软装配饰，使整个空间设计整体而又统一，从而营造出雍容华贵的空间氛围。高雅而和谐是新古典风格的代名词，白色、金色、米黄色是常用的主色调。该空间以大理石铺成地面，大气、通透，糅合少量的白色使色彩看起来明亮、大方，整个空间给人以开放、包容的非凡气度。玄关处的意象画，为空间增添了几分艺术气息。客厅中软装以优雅细致的面料和丰富的材质交相辉映，大理石铺成的楼梯气势恢宏，足够层高、超大面积的吊顶，奢华的家私，无不展现出雍容华贵的空间气度，每一处细节都彰显了主人高贵、细腻的生活品质。卧室华丽浪漫而温馨，主体背景以色泽柔和的流苏为主题，雅致的床上用品烘托出空间温馨、舒适的氛围，古典拼花地毯、精致明亮的水晶灯、含苞待放的白玫瑰，为空间注入了一丝浪漫气息，整个空间透着一股雍容而不庸俗的华贵感。

该项目为都市中央的空中别墅，以浪漫瑰丽的France文化为灵感，建筑了经典歌剧般的华丽殿堂。从圆拱门厅开始，浪漫华丽的会所序幕就徐徐拉开。唯美与功能紧密结合：储物就藏在圆拱门厅之后。一湾旋梯宛如玉带，连接上下，把视线引向挑台高处，全铜扶手就似那巴黎歌剧院的五线谱般，巴洛克花纹就是这浪漫音符。

空中歌剧院的魅影

长沙华都空中别墅样板房

开发商：长沙华都房地产开发有限公司　　　主设计师：陈志斌、李智勇、谭辉、彭辉　　　收稿时间：2013年
室内设计：鸿扬集团 陈志斌设计事务所　　　项目面积：360平方米　　　供稿：陈志斌
项目地点：湖南 长沙　　　主要材料：卡布奇诺石材、银镜、银箔、墙纸、黑檀木地板　　　采编：黄安定

一层平面布置图

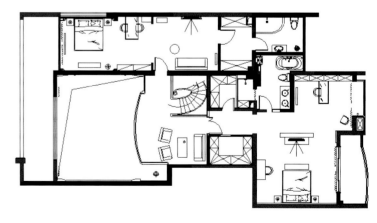

二层平面布置图

该项目为都市中央的空中别墅，以浪漫瑰丽的France文化为灵感，建筑了经典歌剧般的华丽殿堂。从圆拱门厅开始，浪漫华丽的会所序幕就徐徐拉开。唯美与功能紧密结合：储物就藏在圆拱门厅之后。一湾旋梯宛如玉带，连接上下，把视线引向挑台高处，全铜扶手就似那巴黎歌剧院的五线谱般，巴洛克花纹就是这浪漫音符。对眼望去，六米大厅里的主题券拱连接着休闲阳台，景色一览无余。巴洛克图案经过设计，唯美、雄浑，强化在背景界面。天花造型也设计成巴洛克图案形式，大厅与套房保持呼应，局部采用了皮质和绒布软包，柔化了空间的力量，带来别墅式会所的温馨，并辅以镜面，打破面积过大的沉闷感。

本案采用中性色调，稳重、大气，却不失品位，线条简约流畅，色彩对比强烈，有令人眼前一亮的感觉。大量使用钢化玻璃、不锈钢等新型材料及花纹壁纸等做材料辅材给人带来现代、时尚、大气的气息。水晶饰品的点缀，使家居空间更加通透明亮。

简洁又不失装饰性的造型语言

株洲水岸春天样板房

开发商：株洲恒丰置业有限公司　　主设计师：徐攀　　　　　　　　　　收稿时间：2013年
室内设计：湖南美迪装饰设计工程有限公司　　项目面积：约220平方米　　　　　　供稿：徐攀
项目地点：湖南 株洲　　　　　　主要材料：大理石、瓷砖、墙纸、墙漆、装饰镜、饰面板　　采编：黄安定

平面布置图

本案采用中性色调，稳重、大气，却不失品位，线条简约流畅，色彩对比强烈，有令人眼前一亮的感觉。大量使用钢化玻璃、不锈钢等新型材料及花纹壁纸等做材料辅材给人带来现代、时尚、大气的气息。水晶饰品的点缀，使家居空间更加通透明亮。设计师巧妙地设计一个通透的橱窗似隔断，橱窗上摆设着精美的水晶饰品，晶莹剔透，流光溢彩，彰显餐厅的不俗气质和高雅格调。白色的餐桌搭配黑色的餐椅，以简洁的造型、完美的细节，营造出时尚前卫的感觉。用胡桃木做饰面，饰以看似平滑而色彩浓重的几何图案；腿脚的螺旋纹理依然传承经典，于张扬中内敛温柔。空间以简洁不失装饰性的造型语言，营造了一个简约、时尚、大气的居住空间。

走进该空间，主人用其所喜好的晶莹剔透的大理石作为地面材质，使空间更加明亮、大气。深咖色的实木地板亲切、自然，华丽的水晶灯耀眼、夺目，华贵的布艺、别具风格的地毯，使空间呈现出雅致的贵气。客厅中欧式宫廷系列家具，端庄的正襟危坐，斜摆的仪态万方，一刚一柔，一曲一直。

碧桂园的凯撒皇宫

碧桂园长沙别墅样板房

开发商：碧桂园集团
室内设计：湖南自在天装饰设计工程有限公司
项目地点：湖南 长沙

主设计师：谭金良
项目面积：700平方米
主要材料：莎安娜米黄、黑金花石材、椿皮红石材、美国樱桃原木、实木地板

收稿时间：2013年
供稿：谭金良
采编：黄安定

一层平面布置图

二层平面布置图

三层平面布置图

走进该空间，主人用其所喜好的晶莹剔透的大理石作为地面材质，使空间更加明亮、大气。深咖色的实木地板亲切、自然，华丽的水晶灯耀眼夺目，华贵的布艺、别具风格的地毯，使空间呈现出雅致的贵气。客厅中欧式宫廷系列家具，端庄的正襟危坐，斜摆的仪态万方，一刚一柔，一曲一直。卧室里宫廷的灯具配以洛克可式的梳妆台，宽敞的大面积飘窗将户外美景引入到室内，拉开窗帘，躺在床上即可观赏到绿树园林，让身心同时得到放松。奢华的布艺装饰，以精致的面料、繁复的材质及大胆的用色提亮居室，彰显一个极致雍容的感官世界。主卧内色彩淡雅，典雅中透着高贵，精致里显露奢华。餐厅中别具风格的新古典家具的摆设及精致惟妙的餐具，烛台的碰撞，使餐厅格局不再单调。

在现代都市群体中，高品质的生活方式逐步成为大多数人的向往。简约风格中体味新欧式的奢华、高贵品质，正成为新潮流、新时尚。海逸东方复式刷新了中国高端富裕阶层的视野，用卓绝的设计与顶级的工艺吸引了他们的目光，设计师融合古典、现代以及当代不同时期的艺术潮流交融合一，创造出一种戏剧性的时尚美学观。

奢华不单单体现在造型上

汕头海逸东方样板房

开发商：汕头第一城开发有限公司　　主设计师：郑俊雄　　　　　　　　　　　收稿时间：2012年
室内设计：汕头大木空间装饰有限公司　项目面积：350平方米　　　　　　　　供稿：郑俊雄
项目地点：广东 汕头　　　　　　　　　主要材料：米黄石板、柚木实木片、布包、墙纸、特定金箔饰线、茶色镜面、马赛克　　采编：黄安定

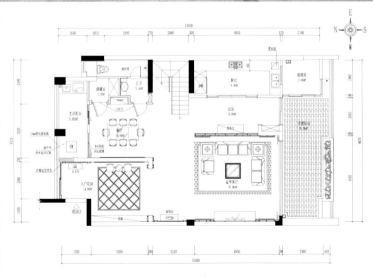

一层平面布置图

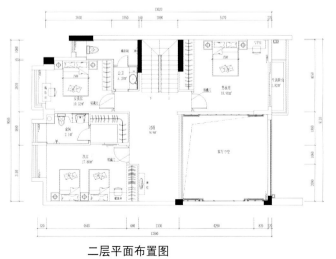

二层平面布置图

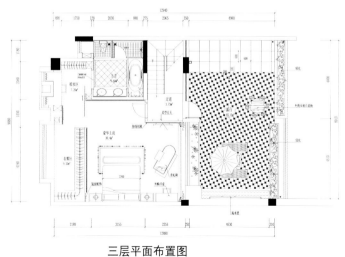

三层平面布置图

海逸东方复式刷新了中国高端富裕阶层的视野，用卓绝的设计与顶级的工艺吸引了他们的目光，设计师融合古典、现代以及当代不同时期的艺术潮流交融合一，　创造出一种戏剧性的时尚美学观。营造现代简约古典空间，甚至可以说充满时尚感。在这个挑高的空间，也特别用心地处理了居高临下的视觉张力与布局，打造出与时尚潮流同步的现代豪宅。空间中大量运用浓郁的色彩对比，搭配时尚古典的雕塑与绘画，与此同时，天花以手工金箔衬托施华洛世奇水晶吊灯的奢华，彰显璀璨尊贵。灯光在天花和墙面的巧妙反射，带出了空间特有的奢华和精致。在家私和陈设上作细节处理，营造弥漫着新欧式浪漫的新古典风范，雍容不失典雅的居住空间。

该项目室内设计造型优美、古朴低调，到处都是新古典风格的经典体现。华丽、精致的水晶吊灯使空间洋溢着一丝丝高贵与典雅的气息；一盆盆娇嫩欲滴的鲜花，赏心悦目；飘逸的白色窗帘淡化了空间古典厚重的气息，为空间增添了几分雅致。餐厅采用圆式餐桌既美观又实用，白色的水晶吊灯点亮了家庭的用餐氛围，线条简洁的金属架上陈列着各种收藏品，丰富了整个餐厅。

新古典风格的经典体现

上海浦东星河湾样板房

开发商：上海浦东星河湾房地产开发有限公司　　主设计师：陈文栋　　　　　　　　　　收稿时间：2012年
室内设计：阆品集团　　　　　　　　　　　　　项目面积：500平方米　　　　　　　　供稿：阆品集团
项目地点：上海　　　　　　　　　　　　　　　主要材料：美国白木定制护墙板、榉木楼梯、红橡、胡桃木、澳松板　　采编：普吉果

该项目前厅与会客厅之间相互独立又相互连通。步入室内，客厅中大理石地面，大气、奢华，金色花纹交织的地毯、造型优美的欧式沙发、古朴低调的实木餐桌椅等，到处都是新古典风格的经典体现。华丽、精致的水晶吊灯使空间洋溢着一丝丝高贵与典雅的气息；一盆盆娇嫩欲滴的鲜花，赏心悦目，浸润了居室的温馨；飘逸的白色窗帘不仅淡化了空间古典厚重的气息，而且为空间增添了几分雅致。餐厅采用圆式餐桌既美观又实用，白色的水晶吊灯点亮了家庭的用餐氛围，线条简洁的金属架上陈列着各种收藏品，体现了餐厅高雅的装饰品位。移步卧室，室内用墙纸高贵的色调来衬托主人非凡的气质，白色全套欧式造型的家具凸显主人高雅的品位。柔和的灯光开启，如烛光摇曳，浪漫情怀尽显其中。

在古典与欧式设计中，当大多数设计师把硬装做得非常复杂的时候，本案设计师却在追求把硬装做减法，而把软装做加法。在空间的处理上则更多的以人为本，强调动静分明。从环保角度出发，避免用过多的大理石等造价昂贵的材料，而采用乳胶漆及墙纸等。既节约了装修成本，又达到了理想的效果，让业主真正体会到绿色装修的迷人魅力。

稳重温馨的同时不失奢华端庄

杭州绿城桃花源别墅样板房

开发商：绿城集团
室内设计：杭州洛卡装饰设计有限公司
项目地点：浙江 杭州

主设计师：温帅 王东
项目面积：350平方米
主要材料：大理石、实木地板、软包、地毯、墙漆

收稿时间：2012年
供稿：杭州洛卡装饰设计有限公司
采编：普吉果

一层平面布置图

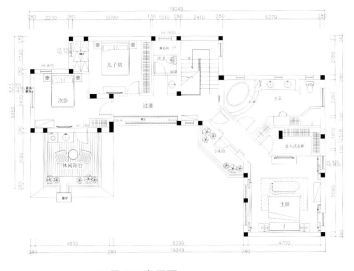

二层平面布置图

在古典与欧式设计中，大家把硬装做得非常复杂的时候，设计师却在追求把硬装做减法，而在软装方面做更多的加法。空间的处理则更多的以人为本，动静更加分明。从环保角度出发，他们没有用过多的大理石等造价昂贵的材料，而采用乳胶漆及墙纸等。既节约了装修成本，又达到了理想的效果，让业主真正体会到绿色装修的迷人魅力。

本案是一个三代之家的完整居所，可住业主夫妇，孩子、外加两个家政人员，整个空间的设计目标，就是让业主获得"一个非常美观、实用性能卓越的私人会所"，让享受多一点，尊荣多一点。 整个空间用色彩和布置来实现空间功用的区分，不同的部位拥有不同的风格，颜色、灯光、气氛都有所变化，每一层都有独特的作用。

用色彩表达空间，让感观享受感觉

绿湖·歌德廷中央酒店A1别墅样板房

开发商：新中源(南昌)房产开发有限公司　　　主设计师：郑树芬　　　　　　收稿时间：2013年
室内设计：香港郑树芬设计事务所　　　　　　项目面积：680平方米　　　　　供稿：郑树芬
项目地点：江西 南昌　　　　　　　　　　　　主要材料：大理石、实木地板、软包、地毯、墙漆　　采编：何晨霞

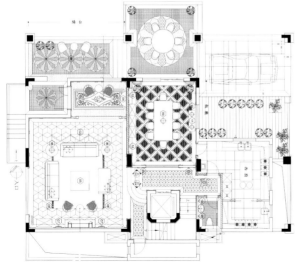

地下层平面布置图

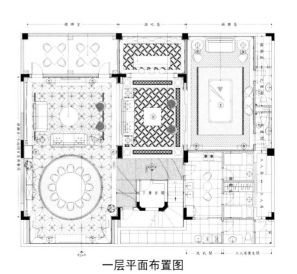

一层平面布置图

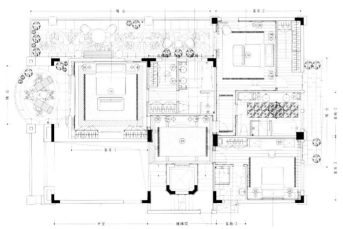

二层平面布置图

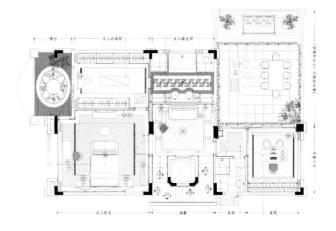

三层平面布置图

本案是现代奢华风格，设计师的理念是用色彩表达空间，让感观享受感觉。利用色彩的变化营造出不同感觉的功能空间。一楼客厅以明黄色为主，定下了尊贵的基调，布料、丝绒、吊灯、火炉、壁画以及从意大利定制的进口地砖，更是体现了一种极致的奢华。窗帘在阳光的照射下似乎有很多颜色在跳动和变化，流光溢彩，耀眼非凡。案几上的摆件造型优美，银光闪闪，金色的南瓜总让人想起感恩节，流露了主人有一颗感恩、善良的心。设计师合理地利用了地下面积，客厅大气又通透，灵动的蓝色提升了空间的亮度，让人完全感觉不到地下空间的昏暗，享受到的只有安静。以棕色调为主的台球区和休息区散发着沉稳、优雅的气息，又有独享的尊荣。主卧色彩淡雅，花纹图案的地毯营造了自然静谧的氛围，色彩与光影结合，舒适雅致，圆形的穹顶、透明的水晶吊灯、意大利云石马赛克，为空间注入了些许华贵，将主人的尊贵与内涵诠释得淋漓尽致。

高雅的水晶吊灯洒下暖暖的光晕，墙上放置着具有强烈中国特色的剪贴画，茶几则摆放着一只在纽约大都会淘来的带有浓浓文艺复兴装饰风格的银制果盘，再加上一盆优雅的蝴蝶兰和各地收集的艺术品，在这里新旧相融，相互呼应，丰富而拥有情调。

用设计语言来讲述主人的故事

上海金地天境欧式样板房

开发商：金地集团　　　　主设计师：吴滨　　　　　　　收稿时间：2012年
室内设计：无间设计　　　项目面积：150平方米　　　　供稿：吴滨
项目地点：上海　　　　　主要材料：皮革、丝绸、绒布、镜面、大理石、不锈钢等　　采编：黄安定

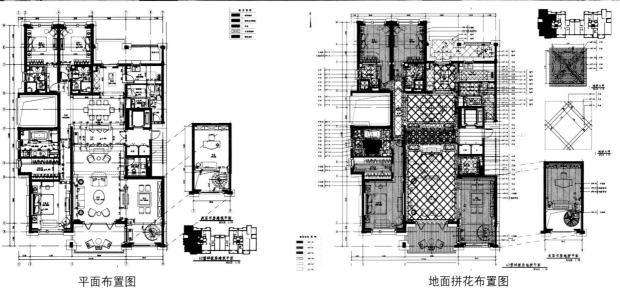

平面布置图　　　　　　　　　　　　地面拼花布置图

走进餐厅，仿佛走入了悠远宁静的东方国度却又不失现代的摩登与优雅。设计师运用了白与黑为整体色彩基调，通过几何造型、不同材质及镜面的对比，以浓郁的Art Deco构造出生活的精致，让空间产生强烈的视觉映像。乳白色羊皮质感的圆形吊灯、纯黑色牛皮镂空靠背座椅配以黑檀木框架，半圆造型的装饰台，一切仿佛穿越滚滚红尘，让物品的"圆"配合空间的"方"，完美诠释了天圆地方的天人精神。悠扬的情怀仿佛Elton John的歌声那般令人陶醉回味。钢琴烤漆的方茶几，腿部细节拥有独具匠心的古典纹饰。沙发使用各种纯色和不同花纹的面料来搭配，光洁的机理、饱满的色彩，用设计语言来讲述主人的故事。嫩绿色的靠枕点缀其中，让整个空间一下子散发出青春的光芒，给人高贵又充满活力的气息。高雅的水晶吊灯洒下暖暖的光晕，墙上放置着具有强烈中国特色的剪贴画，茶几则摆放着一只在纽约大都会淘来的带有浓浓文艺复兴装饰风格的银制果盘，再加上一盆优雅的蝴蝶兰和各地收集的艺术品，在这里新旧相融，相互呼应，丰富而拥有情调。

这是一个明显追求奢华而又略显小资的空间，设计师没有任何的掩饰，执意要将奢华和品位摆在所有人的面前，直白而又略显张扬，无论是吊顶的造型，还是家具的选择，无一不是如此。由于墙面和顶面的色彩太浅，因此设计师在选择家具时选用了黑色的家具做铺垫，这样，使整个空间色彩看起来更显平和。"个性、奢华"是时尚界永恒的宠儿，犹如黑白的质地、金银的光泽，无论风水如何轮流转，总是当仁不让地稳居经典宝座。

既有古典内涵，又有奢华情调

株洲城市风景样板间

开发商：株洲鼎盛房地产开发有限公司
室内设计：湖南无极装饰设计工程有限公司
项目地点：湖南 株洲

主设计师：吴祯祥
项目面积：224平方米
主要材料：大理石、木地板、壁纸、饰面板、墙漆、布艺等

收稿时间：2013年
供稿：吴祯祥
采编：黄安定

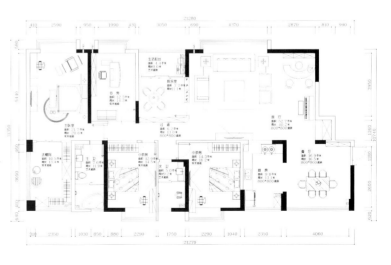

平面功能布置图

"个性、奢华"是时尚界永恒的宠儿，犹如黑白的质地、金银的光泽，无论风水如何轮流转，总是当仁不让地稳居经典宝座。将时尚内涵赋予个性风格，是当代年轻人的生活的态度。于是那些复古元素又混合现代设计，夹带些许妖媚奢华，搭配黑、白、金、银四个永恒经典色彩给人以现代摩登的视觉。置身门厅，简洁的硬装，大气作为铺垫，体现出主人的时尚生活态度，在颜色的控制上，采用比较明快的色彩来主导，加以黑白灰色的搭配，更具个性化。华丽的水晶吊灯，灿若星辰、熠熠生辉，黑色皮质的沙发搭配上银色的镂空雕饰点缀，皮质、金属材质质感的对比，造型大气，色彩对比强烈，让空间显得低调而不失沉闷。有着宫廷般大气华美的主卧，纯白色的床，沙发，床头柜，华丽的布艺窗帘，黑色的点缀打破了白的单调，一瓶红酒略微体现生活的情调，性情的生活，这是法式的，是巴黎的，是一场与浪漫邂逅的梦，但是现在属于你了。奢华，是的，她是奢华的，张扬，并不刺痛目光；现代，是的，她展现着现代人的生活情趣，怀恋过去，向往未来。

该项目的设计给人感觉似曾相识，却又风韵独具，目光所及，处处用心。设计师运用特殊材质将空间装扮得时尚而又绚丽，譬如餐厅里的金属马赛克和艺术马赛克的运用，让餐厅熠熠生辉，光芒四射，现代感十足。而顶部的造型大气稳重，又给空间增添了几分内敛的性情。最后配上白色古典欧式家具，和银质的欧式吊灯，让业主能真正体会到古典与时尚的低调奢华。

古典与时尚的低调奢华

株洲山水国际样板间

开发商：湖南惠天然房地产开发有限公司   主设计师：吴祯祥   收稿时间：2013年
室内设计：湖南无极装饰设计工程有限公司   项目面积：224平方米   供稿：吴祯祥
项目地点：湖南 株洲   主要材料：木地板、壁纸、饰面板、墙漆、马赛克、布艺等   采编：黄安定

该项目的设计让人似曾相识，却又风韵独具，目光所及，处处用心。设计师运用特殊材质将空间装扮得时尚而又绚丽，譬如餐厅里的金属马赛克和艺术马赛克的运用，弧形餐厅的设计，让餐厅熠熠生辉，光芒四射，现代感十足。而顶部的造型大气稳重，又给空间增添了几分内敛的性情。最后配上白色古典欧式家具和银质的欧式吊灯，让业主能真正体会到古典与时尚的低调奢华。

平面布置图

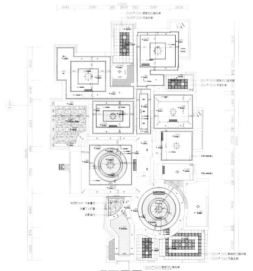

顶面置图

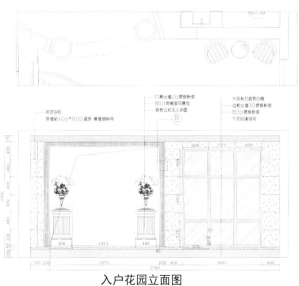

入户花园立面图

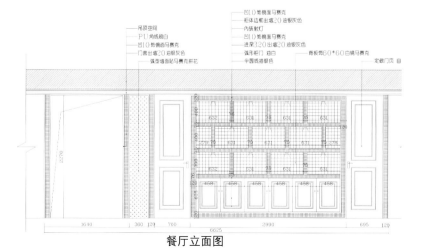

餐厅立面图

AMERICAN STYLE
美式风格

本案将风格定位为美式新古典，以合理的规划和精湛的工艺成就经典。该项目应其服务高端客户的功能需要，在材质和工艺上都有特殊安排，设计师不仅要打造一个在形式上经典的空间，更要让每一个体验此空间的客户从内心体会到经典美式的精髓，直至拥有追求这种经典的欲望。

以合理的规划和精湛的工艺成就经典

自在天湘潭公司原木定制馆样板房

开发商：自在天装饰设计工程有限公司　　主设计师：谭金良　　　　　　　　　　　收稿时间：2013年
室内设计：自在天装饰设计工程有限公司　　项目面积：110平方米　　　　　　　　　　供稿：谭金良
项目地点：湖南 湘潭　　　　　　　　　　主要材料：意大利亚卡地亚瓷砖、美国白木定制护墙板、法国榉木楼梯、美国红橡、胡桃木　　采编：黄安定

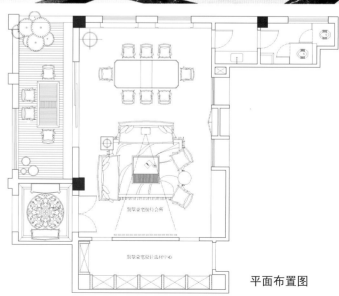

平面布置图

本案是自在天公司为提升服务品质,引导高端居住空间消费而打造的一个样板空间。空间在功能规划和细节处理力求合理完善,在材料的运用上不仅要求品质,更在追求品味。如意大利亚卡地亚瓷砖、美国白木定制护墙板、法国榉木楼梯、美国红橡、胡桃木等这些高档装饰材料的大面积使用,以及全部高档家具配饰的选择。无不显现出一个高端居住空间所应有的气度与质地。虽然华贵,但并不媚俗。这得益于设计师对空间的理解,对经典的感悟!无论是空间色彩,还是软装配饰,力求自然和谐,因形就势。要奢华,更要经典。打造此空间的意义就是要告诉所有对生活有要求的人:拥有一个有品质的家,不只是梦想,更是是一个可以期待的归宿。

本案将风格定位为美式南加州风格，中式语汇经过提炼与南加州特有的门拱倒角形式结合，形成本案特有的装饰元素，异域风情因民族风而更显亲切，东西方文化的混搭融合，令空间氛围耐人寻味。质地光滑的肌理涂料、手工仿古陶瓷地砖以及大胆的色彩运用，使空间整体氛围亲切而又热烈。

异域风情因民族风而更显亲切

重庆招商花园城样板间

开发商：招商局地产（重庆）花园城有限公司　　主设计师：谭琅　　　　　　　　　　　收稿时间：2012年
室内设计：重庆点廓空间建筑设计咨询有限公司　项目面积：248平方米　　　　　　　　　供稿：谭琅
项目地点：重庆　　　　　　　　　　　　　　　主要材料：木地板、壁纸、饰面板、墙漆、石材　采编：黄安定

开发商对于整个楼盘的定位是要展现一个高品质、有口皆碑的社区，重在打造品牌文化。作为样板间是需要延续其品牌中心思想，让看到的客户也能感同身受。本案将风格定位为美式南加州风格，中式语汇经过提炼与南加州特有的门拱倒角形式结合，形成本案特有的装饰元素，异域风情因民族风而更显亲切，东西方文化的混搭融合,令空间氛围耐人寻味。由玄关进入餐厅，我们垫高了楼上的架空层让楼上空间形成榻榻米，从而提升了餐厅的层高，同时在天棚上采用实木假梁加精致的描金梁托，用个性化奢侈的手法来描述南加州风格中自然而精致的元素，提升了空间的品质。我们采用了半弧形的天棚和半圆形假梁来减少空间的盒子感，增加空间的结构感；同时在四周增加造型圆窗，来弥补现代建筑的方正严肃以融合南加州的拱弧随意。沿楼梯至二层后楼梯口较为拥挤，设计上把书房设计为内开式双开门，让空间变得宽敞。质地光滑的肌理涂料、手工仿古陶瓷地砖、大胆的色彩运用，使空间整体氛围亲切热烈。

本案设计以满足向往自然、安静、舒适的生活为目的。在环境风格上采用托斯卡纳风格，室外托斯卡纳建筑轻盈、绚丽，线条简洁、利落，以完美协调的手法呈现浪漫和高贵的气质。室内欧式新古典风格与室外浑然一体。

有文化内涵又不失自在与情调

济南建邦·原香溪谷别墅样板间

开发商：济南建邦置业有限公司　　主设计师：岳蒙　　　　　　　　收稿时间：2012年
室内设计：济南成象设计有限公司　　项目面积：624平方米　　　　　　供稿：岳蒙
项目地点：山东 济南　　　　　　　主要材料：木地板、壁纸、饰面板、墙漆、石材　　采编：何晨霞

一层平面布置图

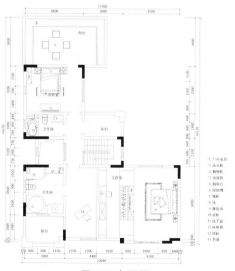

二层平面布置图

本案设计以满足向往自然、安静、舒适的生活为目的。在环境风格上采用托斯卡纳风格，室外托斯卡纳建筑轻盈、绚丽，线条简洁、利落，以完美协调的手法呈现浪漫和高贵的气质。室内欧式新古典风格与室外浑然一体。在空间布局上挑空的设计，使空间更通透，有空间感。选材上选用天然木质材料较多。欧式新古典风格的柔美协调，满足了巴洛克与洛可可风格时代的优雅与风华，体现了现实生活所进行的一切，让生活中理性与感性的部分在此交汇。新古典的欧式风格与现代装饰的完美结合，使家整体弥漫着欧式新古典的浪漫风情。客厅卧室的装饰、家具的雕花、吊灯及装饰镜精美的金属镶嵌花纹，做工极为精细，将欧式饰之风的精髓完全吸纳，异域色彩颇为浓郁。室内"奥斯卡"法式古典家具以一种充满历史与文化，和谐与优美、华丽与精致的经典生活方式，彰显主人尊贵的生活品味。书房采用米黄色花纹墙身搭配深色书柜，起到了视觉延续的效果。欧式风格的坐椅与浓郁中国风的台灯、饰品，让中西文化在历史时空里沉淀下来。

以美式风格为设计主线，在色彩上以白色为主，用小块浓郁的黄色作为点缀，烘托气氛，再配以深色的家具加以沉淀，让整个空间华美但不浮躁，沉稳又不失风格。在细节上，设计师力求勾画出美式风格特有的气质：实用、舒适、自然、自我，从楼梯的扶手到卫浴室的顶部处理，从家具的选择到灯光的设计，无一不显示着设计师的良苦用心。

褪却浮华 尽享生活

湘潭东方名苑复式样板间

开发商：湘潭多凌华城置业有限公司
室内设计：湖南自在天装饰设计工程有限公司
项目地点：湖南 湘潭

主设计师：谭金良
项目面积：200平方米
主要材料：木地板、壁纸、饰面板、墙漆、仿古砖、布艺

收稿时间：2013年
供稿：谭金良
采编：何晨霞

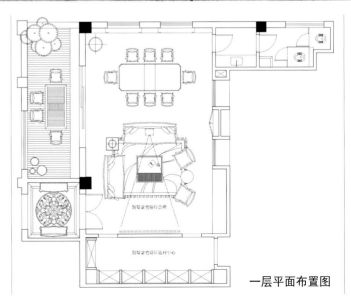

一层平面布置图

二层平面布置图

该项目样板房以美式风格为设计主线，在色彩上以白色系为主，用小块浓郁的黄色作为点缀，烘托气氛，再配以深色的家具加以沉淀，让整个空间华美但不浮躁，沉稳又不失风格。在细节上，设计师力求勾画出美式风格特有的气质：实用、舒适、自然、自我，从楼梯的扶手到卫浴室的顶部处理，从家具的选择到灯光的设计，无一不显示着设计师的良苦用心。该样板房设计空间布局自然流畅，功能配置合理，用色用材恰到好处，最大限度地满足了业主对家的期望、对理想生活的追求！

此别墅样板房位于西安阳光城上林赋苑，叠拼上户户型，建筑风格以欧式风情为主，室内风格以风情、休闲、度假理念为主。设计师以欧式乡村风格为基调，取花好月圆曲作为空间意向，旨在营造空间的闲适、惬意，突出乡村环境的恬淡与美好。以一种充满四季轮回的色彩表情，表述人与自然结合的关系，一份迷恋，一份关怀，让岁月在自然中温馨妖媚地流淌着光辉。乡村田园式的居住环境让人们充满了对罗曼蒂克生活的向往。

在美式风格里崛起的奢华思想

西安国中星城叠拼上户样板房

开发商：西安国中星城置业有限公司　　主设计师：刘卫军　　　　收稿时间：2013年
室内设计：深圳市品伊设计顾问有限公司　项目面积：250平方米　　供稿：刘卫军
项目地点：陕西　西安　　　　　　　　主要材料：木地板、壁纸、饰面板、墙漆、铁艺吊灯、布艺等　　采编：何晨霞

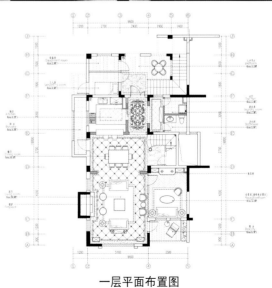

一层平面布置图

二层平面布置图

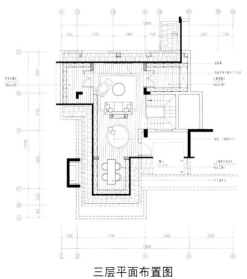

三层平面布置图

此别墅样板房位于西安阳光城上林赋苑，叠拼上户户型，建筑风格以欧式风情为主，室内风格以风情、休闲、度假理念为主。设计师以欧式乡村风格为基调，取花好月圆曲作为空间意向，旨在营造空间的闲适，惬意，突出乡村环境的恬淡与美好。以一种充满四季轮回的色彩表情，表述人与自然结合的关系，一份迷恋，一份关怀，让岁月在自然中温馨妩媚地流淌着光辉。乡村田园式的居住环境让人们充满了对罗曼蒂克生活的向往。

空间布局主要以家庭生活为导向，突出别墅家庭生活的私密性和多元化。设置在三层客厅边的小会客厅，用于接待来访的朋友，与客厅产生联系又是独立的，具有别墅空间的尺度优势和私密感。四层

由原来的两个卧室规划出三个卧室空间，满足了家庭成员的空间需求。五层阁楼作为别墅特有的空间，多元化的生活在此得到很好的体现，设置有酒窖、雪茄收藏室、影视室、儿童玩乐区、儿童手工制作室。

材料的选择上以朴质，自然和舒适为最高原则。运用了大面积的砖，自然的木纹，绿色的墙纸，蓝色的拼花马赛克，方格和小碎花的布艺等，在色彩的选择上自然清新，色彩饱和艳丽，很好地融合了乡村田园的气息，加入一些小碎花，铁艺、陶瓷制品和随处可见的绿色植物都体现着乡村风格的自然和惬意，更加突显了"花好月圆曲"的空间意向。

传统的地中海风格或美式风格已屡见不鲜，而如何通过固有的空间布局、独特的设计组合与现代人的文化底蕴相结合，体现家居生活的自在且步步宜景，才是本案的核心亮点。本案处于球场风光无极视野的临崖俯瞰风景线，田园溪谷动步主题景观轴和维也纳皇家林荫主题景观轴，配合室内中西混搭风格，为主人打造一个多元素的高端私人住宅。

带有粗犷稳重的文化韵味

重庆复地别院样板房

开发商：（复地集团）重庆润江置业有限公司　　主设计师：刘增申　　　　　　　　　　收稿时间：2012年
室内设计：重庆宗灏装饰工程有限公司　　　　项目面积：450平方米　　　　　　　　供稿：刘增申
项目地点：重庆　　　　　　　　　　　　　主要材料：艺术漆、壁纸、松木、腐蚀面大理石、马赛克、仿古砖　　采编：何晨霞

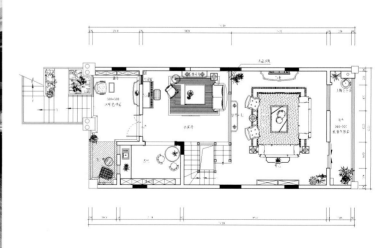

一层平面布置图

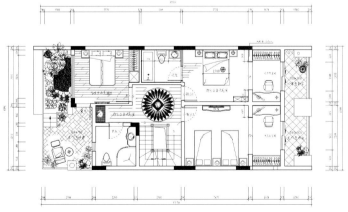

二层平面布置图

三层平面布置图

作品主要以欧洲古典文化艺术的发源地托斯卡纳的元素，石材、浮雕、雕花铁艺等典型符号勾勒出休闲、稳重、富足的佛罗伦萨风情。佛罗伦萨注重舒适与实用，享受生活的态度被完美地体现；然而这并不是本作品的全部诉求；在这个作品里，因地制宜，加入了充满艺术性的东方元素在局部点缀，充满对撞的两种极致风格在这个作品里被合理规划比例，中西结合，呈现出新的美感。托斯卡纳的硬装空间里，搭配中式和美式的家具，饰品，画龙点睛，别有一番韵味；色彩用深棕色的木作搭配中式的檀木色，空间稳重，大气；在软装上搭配贵族瓷器，蓝色和西洋红相互辉映，让整个空间有整体，有细节，有韵味。

空间布局上，欧式开放厨房、空间开阔的客厅，与亲朋好友聚餐、会客，生活各享尽显居家惬意与品质，细节上增添中式元素点缀，

衬托出别样的灵动风情。由上而下的收藏室，用了大量的中式元素，体现主人的文化内涵。卧室、书房独立分隔，领略人生豁达境界；动静分区井然有序，自然从容大度。这样中西结合的设计，让整个作品，有新意，有意境，有对人生的另一种感悟。

大量的佛罗伦萨木质天棚，复古的铁艺吊灯，亲近自然的仿古石材地铺是托斯卡纳风格独特的美学产物。壁灯的设计，墙面的构架，书房的博古架都是设计亮点。别致的家具、灯具，细节上更加增添了美感与艺术感。整个空间体现了现代人追求悠然、浪漫、温软情怀的精神寄托。

整套作品运用独特的风格理念，浓烈厚重的东南亚元素穿插其中，不为传统束缚，符合现代审美，细节中品味艺术生活的真谛。

BRITISH & FRENCH STYLE
英法风格

该案设计师运用西方古典工艺的精湛工法，诠释东方新文艺复兴的文化理念，使空间氛围传递着西方的浪漫，同时轻诉着东方的曼妙，透过古典与现代装饰工艺的交汇，显示出既复古又创新的核心精神。这是一个多元化的空间，在室内平面中内嵌一个半户外阳台，类似传统三合院之中庭，使整个空间更敞亮，采光效果极佳。六角形的天花图案，布满整个客厅与餐厅，营造出一种华贵的氛围。客厅中，古典华丽的鎏金屏风、优雅而不显繁复的桌椅，呈现出新一派上海豪宅的典范。

古典风格与现代工艺的交汇

上海远中风华七号楼样板房

开发商：上海远中静安房地产有限公司　　主设计师：黄书恒、欧阳毅、陈怡君　　收稿时间：2012年
室内设计：玄武设计　　　　　　　　　　项目面积：267平方米　　　　　　　　供稿：上海远中静安房地产有限公司
项目地点：上海　　　　　　　　　　　　主要材料：黑云石、黄金洞石、卡拉拉白、黑檀木、金箔、壁纸　　采编：普吉果

平面布置图

该案设计师运用西方古典工艺的精湛工法，诠释东方新文艺复兴的文化理念，使空间氛围传递着西方的浪漫，同时轻诉着东方的曼妙，透过古典与现代装饰工艺的交汇，显示出既复古又创新的核心精神。这是一个多元化的空间，在室内平面中内嵌一个半户外阳台，类似传统三合院之中庭，使整个空间更敞亮，采光效果极佳。六角形的浮雕天花，布满整个客厅与餐厅，营造出一种华贵的氛围。客厅中，古典华丽的鎏金屏风、优雅而不显繁复的桌椅，呈现出新一派上海豪宅的典范。棋牌室的设置更丰富了业主及家人的休闲娱乐生活；主卧室床头边有大面雅致色调的帘幕，运用间接灯增加空间层次，给人带来舒适休憩的优雅氛围；主卫浴用灰白金图腾马赛克铺陈壁面，维持一贯的低调奢华，点滴间尽显皇室的质感。

该项样板房设计是要打造一个具有真正英伦气质的居住空间，因此设计师在构思整个空间的思想灵魂时定调很准，一切铺排低调游走，但步步深化，当一切归拢，气质由里迸发而出，给人一种一见如故，而又不敢轻易释怀的感觉。设计师首先在用色上低调，整个空间的墙面、饰面板颜色低沉，壁纸的颜色稍显鲜亮，但亦属于冷色调，到家具沙发颜色开始转暖，但暖色不多，只作点缀；其次在空间造型上不做过多的演示，抓住风格特点，点到即可；最后在家居配饰上，紧扣功能需求，同时注重品质的把握。因此整个空间给人的感觉低调却魅力恒久！

扑面而来的英伦风情和绅士情怀

淮南领袖山南E户型样板房

开发商：安徽省淮南市天恒置业有限公司
室内设计：大匀国际设计
项目地点：上海

主设计师：陈雯婧 王华
项目面积：700平方米
主要材料：非洲胡桃木、橡木地板、米色皮革、大理石

收稿时间：2012年
供稿：宋世民
采编：何晨霞

该空间的设计豪华不俗，重现了昔日英伦的风华绝色，让昨日的光芒四射演变为今日的艳魅，散发出另一番雅致的古英伦风气息。设计师以层次分明的暗色系铺展空间，以高档的材质彰显细节，借由光滑的表面和自然的纹理沉淀空间的奢华底色。客厅空间以华贵的金色，沉稳的胡桃黑为主色调，给人以开放、包容的非凡气度，丝毫不显局促。舒适的套间铺以古典花纹壁纸，淡雅柔和，洋溢着温馨的气息，于低调中略带古典。主卧的设计更是将这种气质表现得淋漓尽致。床后的背景墙上铺以花纹壁纸并以欧式造型的雕花线加以装饰提升了空间的艺术品位。华丽的卫生间搭配浅色调的大理石地板，在水晶灯的映照下，显得温馨与舒适。设计师通过对布局、色彩、光线的完美搭配，使空间自然地流露出奢华、大气、舒适、典雅的尊贵气质。

整个空间淡雅、舒适，客厅天花选用黑色金烤漆组合的线板，以流边加强视觉效果；灿烂雅致的Swarovski水晶灯映照着满室精品，营造出空间华丽、浪漫的氛围。餐厅的岗石地板上描绘了英国精致传统陶器Wedgewoog的经典花纹，华美圆形图腾结合细腻雕花，繁复之中蕴含深意，直接点出空间的风格主题，彰显出主人高贵的生活品质。

维多利亚式的生活美学

上海远中风华八号楼样板房

开发商：上海远中静安房地产有限公司   主设计师：黄书恒 欧阳毅 陈怡君   收稿时间：2012年
室内设计：玄武设计   项目面积：201平方米   供稿：上海远中静安房地产有限公司
项目地点：上海   主要材料：雪白银狐石材、白水晶、米洞石、明镜、图腾雕花版   采编：普吉果

平面布置图

上海近几年的快速发展，一如英国的维多利亚时期，其对于美学与品位的提升，契合新上海在蓬勃发展之中追求的深沉价值。该案设计者力求体现维多利亚式的生活美学，撷取经典的Wedgewoog御用骨瓷为设计基础，以精致手法，转化骨瓷的淡雅色彩，呈现皇家御苑的绝世风华。整个空间淡雅、舒适，客厅天花选用黑色金烤漆组合的线板，以滚边加强视觉效果；灿烂雅致的Swarovski水晶灯映照着满室精品，营造出空间华丽、浪漫的氛围。餐厅的岗石地板上描绘了英国精致传统陶器Wedgewoog的经典花纹，华美圆形图腾结合细腻雕花，繁复之中蕴含深意，直接点出空间的风格主题彰显出主人高贵的生活品质。书房内整面立墙的书架搭配落地明镜，镜面反照书架，流泻一室文雅。中国青花瓷蓝色花纹与白色图腾共舞于室，将西方优雅混搭中式古典的特殊美学展现得淋漓尽致，成为主卫浴的一大亮点。

160

该住宅项目开发定位为高端消费客户群，周边为大学城，考虑到客户需求——奢华、有文化品位的装修风格。本项目设计在风格上定位为法式风格，但是考虑到传统法式风格过于繁复，与都市的时尚有些背道而驰，因此本作品在风格上将传统法式与现代时尚元素相结合。

将传统法式与现代时尚元素相结合

武汉金地K户型样板房

开发商：金地集团　　　　　　　　　　主设计师：刘威　　　　　　　　　　收稿时间：2013年
室内设计：武汉MV室内建筑设计顾问有限公司　项目面积：240平方米　　　　　供稿：武汉MV室内建筑设计顾问有限公司
项目地点：湖北 武汉　　　　　　　　　主要材料：实木地板、大理石、墙漆、仿古砖、饰面板　采编：何晨霞

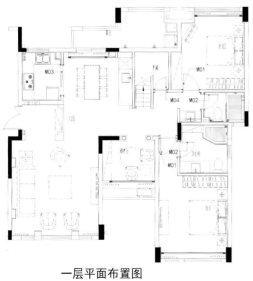

一层平面布置图

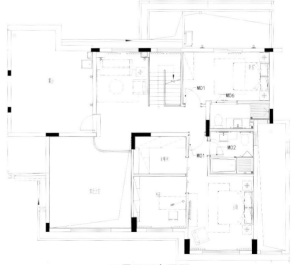

二层平面布置图

该住宅项目开发定位为高端消费客户群，周边为大学城，考虑到客户需求——奢华、有文化品位的装修风格。本项目设计在风格上定位为法式风格，但是考虑到传统法式风格过于繁复，与都市的时尚有些背道而驰，因此本作品在风格上将传统法式与现代时尚元素相结合。在空间关系上注重家庭交流空间的营造，使客厅、花园露台等更加融合家庭气氛。材料选择上重视天然材料的运用，如：实木板、大理石的应用使这个空间感觉更加自然、有生命力！

本案户型设计的灵感源于香港首席豪宅项目——天汇的创意，因此欣盛东方样板房拥有其高贵的基因。步入大厅，4.5米的挑高就给人以豁然开朗的大气之感。如此超高的客厅层高彰显华贵，再配以华丽的水晶灯、简约而不失奢华的欧式家具及各式细小物件的摆设极具雍容华贵的气息。

高厅阔宅尽显高贵血统

杭州欣盛东方福邸样板房

开发商：杭州欣盛嘉业房地产开发有限公司　　主设计师：叶飞　杨志立　谢仁德　　　收稿时间：2012年
室内设计：GFD杭州设计事务所　　　　　　　项目面积：190平方米　　　　　　　　供稿：叶飞
项目地点：浙江 杭州　　　　　　　　　　　主要材料：水曲柳饰面、大理石、蚕丝壁纸、皮革、橡木实木地板　　采编：黄安定

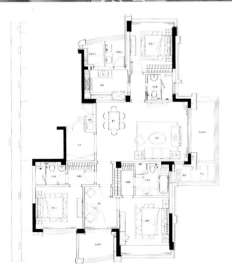

平面布置图

本案户型设计的灵感源于香港首席豪宅项目——天汇的创意，因此欣盛东方样板房拥有其高贵的基因。步入大厅，4.5米的挑高就给人以豁然开朗的大气之感。如此超高的客厅层高彰显华贵，再配以华丽的水晶灯、简约而不失奢华的欧式家具及各式细小物件的摆设极具雍容华贵的气息。横向的客厅设置，超大开间的设计打破了平庸的空间规划，唤醒你视觉感官。融入艺术元素的客餐厅石材地面拼花、部分全石雕刻的电视背景墙和卧室软包背景墙，这些结合精细工艺与华贵材质的精装产品，为业主营造出了别具一格的视觉氛围。高厅阔宅，起落有型的纵向空间感，将极致舒适的生活体验推向了新的高度。本案人性化功能格局、大空间尺度、多元化空间层次，贴合本土生活的设计理念，迎合了那些对尺度的舒适性、空间的审美趣味和流行的感度极为挑剔的深度改善人群。

法式的奢华与浪漫在本案中彰显无遗，高雅、大方、古典、耐看、贵气十足。椅角的线条、窗栏的造型、书桌的细微处、精致的描金花纹图案、古典的裂纹……法国宫廷的古典遗风俨然呈现。追求的不仅是贵族的奢华，更热爱用浪漫的装饰来体现其艺术特色。

法国宫廷的古典遗风

武汉宝利金法式风情样板间

开发商：武汉世纪华宇置业公司　　　主设计师：张纪中　　　　　　　收稿时间：2013年
室内设计：武汉张纪中室内建筑设计　项目面积：43平方米　　　　　　供稿：张纪中
项目地点：湖北 武汉　　　　　　　　主要材料：大理石、瓷砖、墙纸、墙漆、实木饰面板　采编：黄安定

法式的奢华与浪漫在本案中彰显无遗，高雅、大方、古典、耐看、贵气十足。椅角的线条、窗栏的造型、书桌的细微处、精致的描金花纹图案、古典的裂纹……法国宫廷的古典遗风俨然呈现。追求的不仅是贵族的奢华，更热爱用浪漫的装饰来体现其艺术特色。客厅敞阔，气势恢宏却不乏神秘气息，每一件家具、每一个饰品、每一处镂刻都精致到让人屏息。客厅作为待客区域，装修得明快光鲜，空间中随处可见精心设计的雕花镂刻样式，木饰面上的圆盘形装饰画、家具精致的雕花，仿佛一天的生活、一天的疲惫都在这里展开。餐厅一整套精美的家具，却也未使得就餐空间看起来庄严拘谨。开放式的格局，以米白色作为空间主色调，空间显得华丽而高雅，形成一浓一淡、一繁一简的对比，使空间始终保持着恰到好处的贵气。整体色彩和饰品都不失层次感和协调感。卧室风格或浓或艳，浓淡有致，张弛有度。无论是弧形的幔帘、优雅大气的床头软包，还有色彩艳丽的欧式团花壁纸，无不让人心醉神迷，兽皮风格的地毯为这个空间带来一丝霸气和宫廷的高贵。

假定该单元业主是位独具魅力的艺术家，热爱自然，对生活充满热情。因此我们设计过程中更多地注入了对浪漫的生活态度以及优雅的贵族气质的关注。 法国在多数人们心中是浪漫时尚的代名词，充满着浪漫风情的法式装饰风格更是雍容华贵、优雅而内敛，本案处处体现出法国古典宫廷的奢华，充满了贵族气息与浪漫情怀。

处处体现出法国古典宫廷的奢华

成都五龙山2B、3C户型样板房

开发商：万科地产
室内设计：北京空间易想艺术设计有限公司
项目地点：四川 成都

主设计师：北京空间易想艺术设计有限公司
项目面积：595平方米
主要材料：石材、壁纸、木、砖、皮革

收稿时间：2013年
供稿：北京空间易想艺术设计有限公司
采编：黄安定

负一层平面布置图

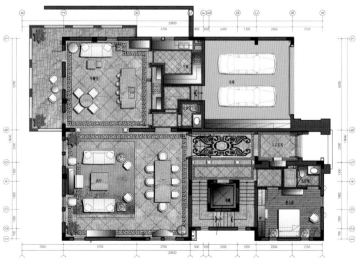

一层平面布置图

二层平面布置图

整体的色调以灰绿色和银色作为主线贯穿整体，并恰到好处地辅以白色衬托整洁清爽。色彩搭配协调统一，让室内空间沉浸在一种既富于变化又统一协调的自然过渡中，突出体现时尚前卫与奢华雍容。在材质上采用大量具有艺术气息的花纹及木角线装饰。更在细节处使用精致的蕾丝饰边，使空间富于灵动。儒雅富丽，带有浓烈的古典法式色彩，奢华贵气源于丝绒和皮草的完美组合，灰绿色、米色和银色的布艺及金属陈设品、真皮沙发面料都令整个环境散发出华美的大家风范。

门厅及玄关处随处可见的欧式脚线与木雕花，处处体现了法式的浪漫。进入客厅，4米多的挑高空间，淡绿色的壁纸，古典的法式家具，巨型的水晶吊灯，这一切都将法式风格的浪漫与奢华表现得一览无余。奢侈布局的早餐厅及厨房，面积等同客厅。古色的欧式橱柜，从门板的脚线到进口的厨房电器，处处体现项目的高端品质。主卧室层叠的床幔，复古的窗帘以及丰富的床上饰品，搭配了色调统一的装饰花边及蕾丝。壁炉前摆放两把单椅，床前的陈设柜及床头柜也都选择同种风格雕花纹饰，丰富了细节并兼具实用功能。收藏室作为B1层的重点装饰空间，主要突出中西文化的碰撞，用中国古典的元素打造一个复古经典的收藏空间。其中正对门口的大型罗汉榻用以突出空间主题，主墙面悬挂的欧式贵族人物画像——The Blue boy，辅以局部点缀的中式古典饰品，更增强了中西文化的碰撞。随着灯光移动，一场后古典的盛宴拉开了序幕。优雅、轻盈极具个性的现代法式风格设计，让古典与艺术完美交融，宾客在光影的环绕中，用心感受古典与现代气息的结合，体验后古典带来的全新感受。

别墅于人是一种精神上的放逐，抑或是个人小宇宙中的能量爆发前的孕育。那么作为让心灵彻底慵懒随性或是自由绽放的地方，托斯卡纳的黄昏印象应该是不错的选择……对了，别忘了夏日的午后在发呆亭里发发呆，听听蝉音。对于很多人来说，这应该算是一居心地了吧。

让心灵彻底慵懒随性的地方

万科中山朗润园别墅样板房

开发商：万科地产
室内设计：深圳市昊泽空间设计有限公司
项目地点：广东 中山

主设计师：韩松
项目面积：277平方米
主要材料：进口橡木柳饰面、大理石、蚕丝壁纸、皮革、实木地板

收稿时间：2012年
供稿：韩松
采编：黄安定

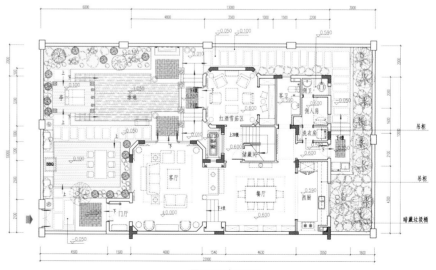

一层平面布置图

二层平面布置图

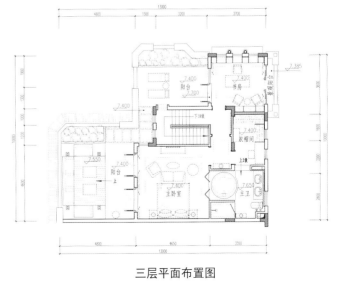

三层平面布置图

别墅于人是一种精神上的放逐，抑或是个人小宇宙中的能量爆发前的孕育。那么作为让心灵彻底慵懒随性或是自由绽放的地方，托斯卡纳的黄昏印象应该是不错的选择。再加上旧旧的原木梁；黑色的铸铁锚条；走到哪里都想伸手触摸的柔和曲面墙壁；洗白木的家具墙板；最好赤着脚走在意大利火山岩地板上；以及一层又一层的空间不断地带给你的惊喜；还有从世界各地淘回来的古董和心血收藏……对了，别忘了夏日的午后在发呆亭里发发呆，听听蝉音。对于很多人来说，这应该算是一居心地了吧。

该样板房设计首先从色调入手，选择以暖色、浅色调为主，无论是选材、配饰，还是灯光、家具，无一不遵从于营造温馨的居家氛围；其次从施工工艺到造型的设计，从功能布局到人性化设计，皆精雕细凿，反复推敲，无一不显示出经典空间的气质；最后在细节处理上，小到一个水龙头、淋浴室的地漏皆按世界超五星级酒店使用的标准设置，让每个业主走进这里，仿佛置身于一个超五星级世界酒店，感受着所想即所得的幸福与快乐。

所想即所得的幸福与快乐

绿城·蓝色钱江样板房

开发商：绿城集团
室内设计：法国PYR设计团队
项目地点：浙江 杭州

主设计师：法国PYR设计团队
项目面积：380平方米
主要材料：进口橡木柳饰面、大理石、蚕丝壁纸、皮革、实木地板

收稿时间：2013年
供稿：绿城集团
采编：曾吉果

绿城·蓝色钱江项目，特聘请法国PYR设计团队操刀设计样板房，力求为业主营造一个高端、奢华、经典、温馨的家的梦想！

该样板房设计首先从色调入手，选择以暖色、浅色调为主，无论是选材、配饰，还是灯光、家具，无一不遵从于营造温馨的居家氛围；其次从施工工艺到造型的设计，从功能布局到人性化设计，皆精雕细凿，反复推敲，无一不显示出经典空间的气质；最后在细节处理上，小到一个水龙头、淋浴室的地漏皆按世界超五星级酒店使用的标准设置，让每个业主走进这里，仿佛置身于一个超五星级世界酒店，感受着所想即所得的幸福与快乐。

该样板房设计以法国传统的设计元素为主线，契合中国人的审美习惯，也加入了少量的中国元素，无论是在空间构成还是材质搭配，分寸把握适度，不失为样板房设计成功的典范。

局部空间以红色为主调，辅以欧洲古典巴洛克印花壁布，犹如波尔多的赤霞珠，从天花到四周，再从家具到饰品，层叠起伏激荡着视觉的热情，引发探索的渴望。主要空间以中性色调保持典雅和谐，层叠的线条与精湛细致的手工雕花相互运用，让视觉层次分明，错落有致，融为一体。晶莹剔透的水晶灯，华贵的窗幔，法国宫廷装饰吊顶，这些都无处不体现着优雅奢华的精致生活！

法式浪漫主义结合新古典艺术风情

大连海昌波尔多红酒庄园A户型样板间

开发商：大连海昌置地红酒庄园有限公司　　　主设计师：吴滨　　　　　　　　　　收稿时间：2012年
室内设计：香港无间设计精英团队　　　　　　项目面积：850平方米　　　　　　　　供稿：香港无间设计精英团队
项目地点：辽宁 大连　　　　　　　　　　　主要材料：实木地板、大理石、墙漆、仿古砖、饰面板、墙漆、墙纸　　　采编：何晨霞

负一层平面布置图

一层平面布置图

210

二层平面布置图

三层平面布置图

项目以当地最佳生态、旅游资源为背景，开发以高尔夫运动、康体养生、生态体验和红酒文化等于一体的精品休闲度假区。而在环境风格设计上，设计师以"流动的艺术"为灵感切入，法式浪漫主义结合新古典艺术风情，让每个空间都成为形成这套居所的有机组合。品析其中，就如品尝不同时期的"波尔多"红酒。在搭配不同装饰艺术手法下，体现多种滋味与风情的艺术魅力。

这种以西式艺术为题材，以东方文化为内涵的新古典艺术表现手法，探索出当代人们对新古典艺术的全新装饰理念与创意表现，成为如今新古典风格的新案例坐标。设计上，局部空间以红色为主调，辅以欧洲古典巴洛克印花壁布，犹如波尔多的赤霞珠，从天花到四周，再从家具到饰品，层叠起伏激荡着视觉的热情，引发探索的渴望。主要空间以中性色调保持典雅和谐，层叠的线条与精湛细致的手工雕花相互运用，让视觉层次分明，错落有致，融为一体。晶莹剔透的水晶灯，华贵的窗幔，法国宫廷装饰吊顶，这些都无处不体现着优雅奢华的精致生活！

素调古典主义的设计风格是简约的新古典主义风格；色彩处理为灰色素调，形式元素采用在新古典风格的典型元素简化处理；形态简约而不失豪华。保留了法式新古典装饰中的线条运用，在线条的处理中精简了繁复的装饰，取其严谨的比例关系塑造优美、典雅的空间。

素调古典主义的设计风格

上海保利叶雨素调古典主义样板房

开发商：保利地产　　　　　　　　　　　　　主设计师：北京紫香舸国际装饰艺术团队　　　　　　收稿时间：2012年
室内设计：北京紫香舸国际装饰艺术顾问有限公司　　项目面积：约200平方米　　　　　　　　　　供稿：北京紫香舸国际装饰艺术顾问有限公司
项目地点：上海　　　　　　　　　　　　　　主要材料：瓷砖、玻璃、墙纸、木饰面板、实木地板、墙漆　采编：黄安定

素调古典主义的设计风格是简约的新古典主义风格；色彩处理为灰色素调，形式元素采用在新古典风格的典型元素简化处理，形态简约而不失豪华。保留了法式新古典装饰中的线条运用，在线条的处理中精简了繁复的装饰，取其严谨的比例关系塑造优美、典雅的空间。

此户型在空间设计中尽可能地将空间视觉敞开、删减，归纳户型中出现的小空间分割，在保留原建筑功能的同时，去丰富的形体结构造型及附属功能区域，提升出业主生活细节及品味，空间的展示紧紧地契合了户型风格主题。

在材料的运用中主要选择米白色、白色、灰色石材、雅灰色地毯为地面材料。墙面材料多采用柱式、素色壁纸、素色蛋壳彩涂料和白色墙板。色彩上选择雅灰色、灰白色、驼色、深咖色进行搭配设计，来营造素调古典的时尚、利落的气质。

新装饰时代讲求红花绿叶的搭配，着重于实用、典雅与品味。在呈现精简线条同时，又蕴含奢华感，通过异材质的搭配，并朝向"人性化"的表现方式进展。在样板房软装中新装饰主义保留了传统家具造型呈现的利落线条美，用简单几何的造型、丰富的色彩吸引人们的目光。

法式新装饰主义

沈阳碧桂园法式新装饰主义样板间

开发商：沈阳市碧桂园房地产开发有限公司　主设计师：北京紫香舸国际装饰艺术团队　　　收稿时间：2012年
室内设计：北京紫香舸国际装饰艺术顾问有限公司　项目面积：224平方米　　　　　　　　　供稿：北京紫香舸国际装饰艺术顾问有限公司
项目地点：辽宁 沈阳　　　　　　　　　　　主要材料：大理石、木地板、壁纸、饰面板、墙漆、布艺等　采编：黄安定

新装饰主义是意大利风格的一种延伸，轻盈、小巧发展，充满时尚感。本案风格定义为富有法式浪漫的新装饰主义。新装饰时代讲求红花绿叶的搭配，着重于实用、典雅与品味。在呈现精简线条同时，又蕴含奢华感，通过异材质的搭配，并朝向"人性化"的表现方式进展。在样板房软装中新装饰主义保留了传统家具造型呈现的利落线条美，用简单几何的造型，丰富的色彩吸引人们的目光。走进客厅，色彩是这里最大的礼赞。

在白色、米色等清爽大方的背景色下，设计师又大胆地运用红色彩来表达空间的特点，使整个空间灵动而富有表现力。黑色敦实的座椅与红色的沙发相得益彰，天花与地面其独特的色彩遥相辉映。餐厅大胆地运用了并不多见的橙色，没有任何抢眼元素的掺杂，色彩平衡，萦绕在和谐的氛围中。先是繁复的水晶灯勾勒出空间的感性，再以墙上简约的装饰画进行中和，时而安宁、时而轻快，注重细节的设计，又运用色彩的微妙变化成就时装般动感的悦动。而到了卧室，除了红色的延续外，墙壁白色的线框加入让空间呈现出强烈的视觉对比。床品上精致的手工雕花图案，是对床头背景墙的一种呼应空间中明快的一切，在阳光慵懒的映射下，融合着香氛的过渡，延缓着视觉的冲击，恰到好处地混合着隐约中飘来的淡雅、和顺的香气，色彩就此凝练为艺术，生活就此完美升华。

本案选择Art Deco作为本次室内概念设计的风格取向，是为再现工业时代的精神，充分发挥现代建筑设计和工艺带来的空间气势，大气简洁的块面处理和细腻华丽的细部组合。

卓尔不凡的华丽体验

成都中信未来城水岸洋房T1户型样板房

开发商：成都中信城市建设有限公司　　主设计师：赵纰 李翎 肖青　　收稿时间：2012年
室内设计：中英致造设计有限公司　　项目面积：200平方米　　供稿：赵纰
项目地点：四川 成都　　主要材料：瓷砖、玻璃、墙纸、木饰面板、实木地板、墙漆　　采编：何晨霞

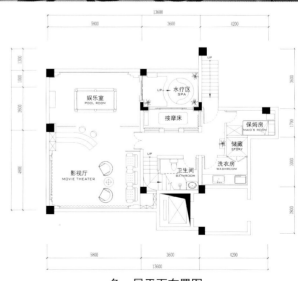

负一层平面布置图

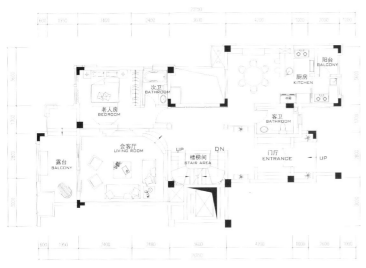

一层平面布置图

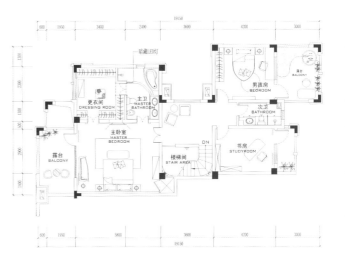

二层平面布置图

本案选择Art Deco作为本次室内概念设计的风格取向，是为再现工业时代的精神，充分发挥现代建筑设计和工艺带来的空间气势，大气简洁的块面处理和细腻华丽的细部组合。

该住宅项目以"雍容、浪漫、纯粹"的法式生活模式为主题，极力倡导"生态、康体、休闲、度假、异域风情"的生活理念，并结合东方人的生活观，将儒家文化充分地融入其中。生活正如"波尔多"的红酒那般，在混合多种元素后，却变得更为甘醇，清香怡人。

雍容浪漫纯粹的法式生活

大连海昌波尔多红酒庄园B户型样板间

开发商：大连海昌置地红酒庄园有限公司　　主设计师：吴滨　　　　　　　　　　收稿时间：2012年
室内设计：香港无间设计精英团队　　　　　项目面积：850平方米　　　　　　　供稿：香港无间设计精英团队
项目地点：辽宁 大连　　　　　　　　　　主要材料：实木地板、大理石、墙漆、仿古砖、饰面板、墙漆、墙纸　　采编：何晨霞

负一层平面布置图

一层平面布置图

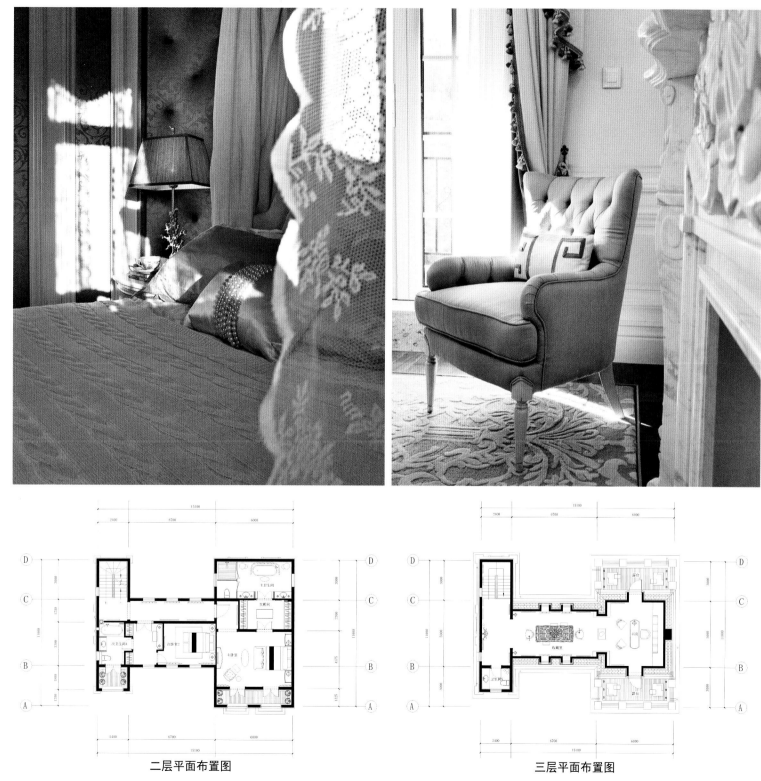

二层平面布置图

三层平面布置图

该住宅项目以〝雍容、浪漫、纯粹〞的法式生活模式为主题，极力倡导〝生态、康体、休闲、度假、异域风情〞的生活理念，并结合东方人的生活观，将儒家文化充分地融入其中。生活正如〝波尔多〞的红酒那般，在混合多种元素后，却变得更为甘醇，清香怡人。

建筑上为纯法式庄园建筑，室内设计以生活舒适安逸，尊贵优雅为主线，让经典与时尚在同一空间自然交汇，以现代及抽象手法重新解析法国艺术的装饰细节，又渗入东方人儒家含蓄内敛的生活主张。红色的热情，灰色调的睿智，这种中西文化在同一空间的交互，让设计不仅是视觉的盛宴，更展现出艺术的张力与内涵的深度。这让空间成为品鉴多元文化艺术的五感互动。

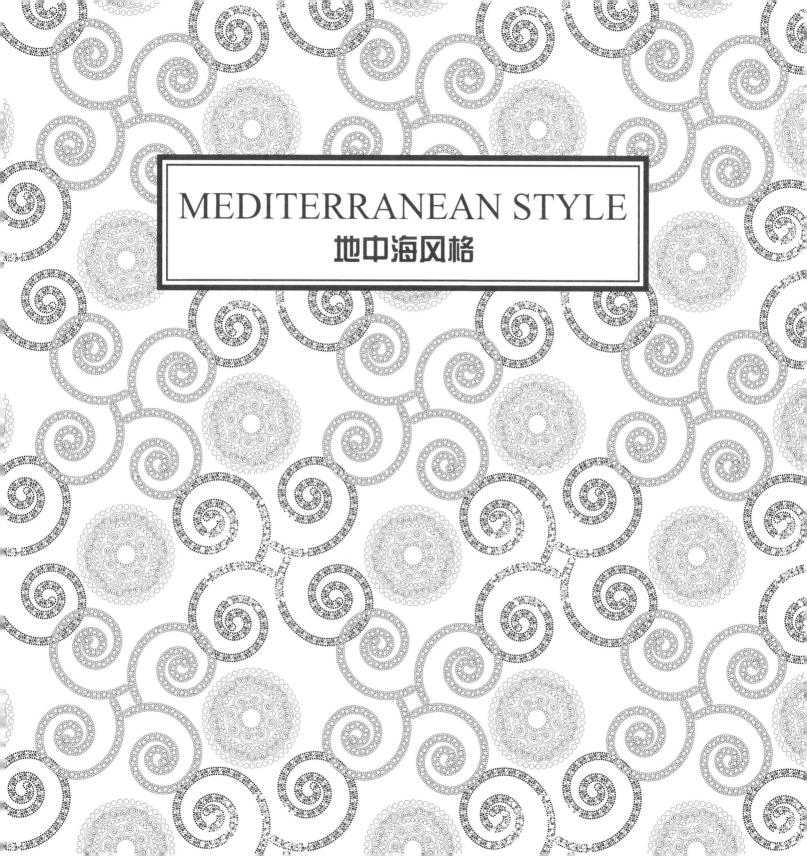

MEDITERRANEAN STYLE
地中海风格

天花的颜色是蓝蓝的海水，暖黄色的基调是柔软的沙滩，这所东南亚风格的家居或许就是海子所期待的那所"面朝大海，春暖花开"的房子。设计师很好地运用了自然光线，配上蓝色的布艺，带来大海的纯净气息，还有那澄净的色彩，装饰空间的各种各样的贝壳让人误以为就是在海边。

海就在身边颤动

苏州太湖天城别墅样板房(D2户型)

开发商：花样年集团（中国）有限公司　　主设计师：韩松　　　　　　　　收稿时间：2013年
室内设计：深圳市昊泽空间设计有限公司　项目面积：97平方米　　　　　　供稿：花样年集团（中国）有限公司
项目地点：江苏 苏州　　　　　　　　　　主要材料：西奈珍珠、银钻米黄、瓷砖、橡木、彩色乳胶漆　采编：何晨霞

本案设计师把对海的向往寄托在设计中，天花的颜色是蓝蓝的海水，暖黄色的基调是柔软的沙滩，这所东南亚风格的家居或许就是海子所期待的那所"面朝大海，春暖花开"的房子。设计师很好地运用了自然光线，配上蓝色的布艺，带来大海的纯净气息，还有那澄净的色彩，装饰空间的各种各样的贝壳让人误以为就是在海边。整个室内布置则以暖黄色为主，柔和的色调像岸上的沙滩。在选材上极大地运用大理石和木材，就着材料本身的颜色和纹理，自然温暖。软装布艺也用天然麻质、棉布，质朴亲切。偶尔点缀其间的多肉植物则洋溢着热带的热情，带来绿的新意。开放式的阳台像一个空中花园，绿树环绕，这样的一个户外餐厅定是主人的心头之爱，藤编座椅滑腻舒适，闲坐时赏景赏月皆是一大享受。

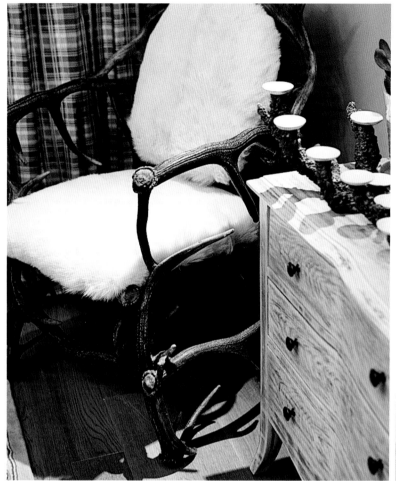

整体来看这个项目，首先是取材天然，石板、马赛克、水曲柳实木、铁艺等天然元素在设计中得以大量运用；其次，是工艺自然，每一件物品的工艺处理尽量地保持原貌，从不刻意雕琢；色彩在这里也起到了重要的作用，无论是哪种色彩设计方案，自然界才是最好的色彩大师，用自然界最原始的色彩搭配方案来扮靓家居，而不是自创的色彩，那才是真正体现地中海风格的淳美与风貌。

亲近自然，感受自然的人文精神

湘潭中地凯旋城样板间

开发商：湘潭中地房地产开发有限公司　　主设计师：张焘　　　　　　　　收稿时间：2013年
室内设计：湖南自在天装饰设计公司湘潭分公司　项目面积：220平方米　　　　供稿：张焘
项目地点：湖南 湘潭　　　　　　　　　　主要材料：水曲柳实木板，马赛克，石板，铁艺　采编：何晨霞

本案的设计者对于地中海风格的热爱源自崇尚自然，亲近自然，感受自然的人文精神，以及热爱生活、富有生活情趣的生活方式和审美情趣。整体来看这个设计，首先是取材天然，石板、马赛克、水曲柳实木、铁艺等天然元素在设计中得以大量运用；其次，是工艺自然，每一件物品的工艺处理尽量地保持原貌，从不刻意雕琢；色彩在这里也起到了重要的作用，无论是哪种色彩设计方案，自然界才是最好的色彩大师，用自然界最原始的色彩搭配方案来扮靓家居，而不是自创的色彩，那才是真正体现地中海风格的淳美与风貌！

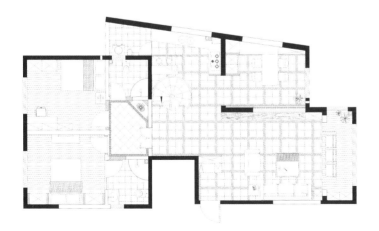

一层平面布置图

二层平面布置图

色彩是空间的音符，最能感染人的情绪。在这套香榭丽舍的作品中，蓝、白、红、紫四色构成了主旋律。 明快的蓝色奠定了客厅及公共空间轻松的基调，并给人理智、平静、清新的联想，优雅的白色带来纯净的感官，而红色则让餐厅的氛围显得活泼、卧室的气氛变得浪漫，至于神秘、尊贵的紫色总是给人矛盾的美感：一方面，它是沉静的，另一方面，它又让人有梦幻的感觉。

空间里跳动着色彩的音符

宁波香榭丽舍复式住宅样板间

开发商：宁波银露房地产开发有限公司　　主设计师：林卫平　　　　　　　　　　收稿时间：2012 年
室内设计：宁波西泽装饰设计工程有限公司　项目面积：240平方米　　　　　　　　供稿：林卫平
项目地点：浙江 宁波　　　　　　　　　　主要材料：瓷砖、玻璃、墙纸、木饰面板、实木地板、墙漆　采编：何晨霞

一层平面布置图

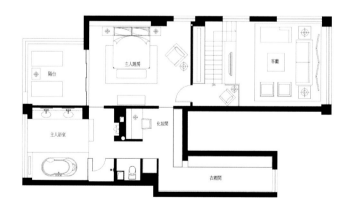

二层平面布置图

色彩是空间的音符，最能感染人的情绪。在这套香榭丽舍的作品中，蓝、白、红、紫四色构成了主旋律。　明快的蓝色奠定了客厅及公共空间轻松的基调，并给人理智、平静、清新的联想，优雅的白色带来纯净的感官，而红色则让餐厅的氛围显得活泼、卧室的气氛变得浪漫，至于神秘、尊贵的紫色总是给人矛盾的美感：一方面，它是沉静的，另一方面，它又让人有梦幻的感觉。

颜色的交汇演变出一曲动人的交响曲，给人带来了精神愉悦和亲切的感受，大大提高了空间与人的情感沟通，结合形态、材质、装饰等设计要素的集约和虚实相生的设计手法，设计艺术与人们生活情感诉求的水乳交融，空间在简约的基调中衍生出无数的变化，充满迷人的氛围和浪漫的情绪。

简洁的家具风格和丰富的色彩变化与空间遥相呼应，在尊重空间的同时，赋予家居一丝简约灵动之性。让空间充满知性、稚趣、跃动与脱俗。即使不经意的低首，也能发现惊喜与可爱的地方。香榭丽舍，迷人的色彩空间，无论热烈还是平和，是喧嚣还是安静，一切都在这个用心构筑的甜蜜居舍，这一个亲切、和蔼、灵动的自我空间。

COMPOSITE STYLE

混搭风格

该项目虽然定位为简约风格，但在设计元素的运用上却不拘一格，既有内敛稳重的中式元素，又有浑然天成的东南亚素材。设计师将这些元素用现代的设计手法融入到简约时尚的空间里，让整个空间既时尚华美，又不失大气高贵，同时既节约装修成本，又更好地满足了业主对居家生活的最大需求，让业主真正体会到物有所值的装修体验。

现代、简约、豪华而不失大气

南京栖园联排别墅样板间

开发商：南京栖霞建设股份有限公司　　　主设计师：沈烤华　　　　　　收稿时间：2013年
室内设计：南京沈烤华室内设计工作室　　项目面积：550平方米　　　　供稿：南京沈烤华室内设计工作室
项目地点：江苏 南京　　　　　　　　　　主要材料：瓷砖、石材、壁纸、饰面板、实木地板　　采编：何晨霞

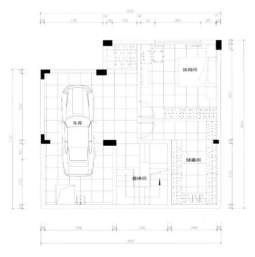

地下层平面布置图

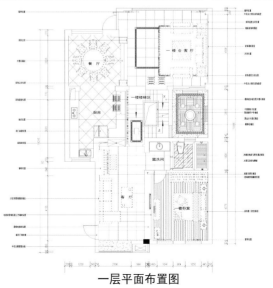

一层平面布置图

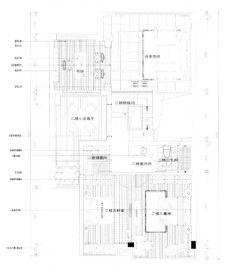

二层平面布置图

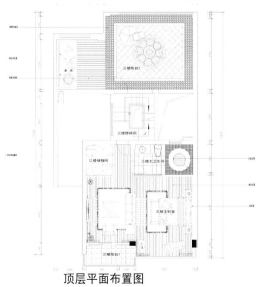

顶层平面布置图

该项目业主为私企业主，夫妻提倡节能环保，极其偏爱简约风格，儿子钢琴过8级，外带父母一起住，业主希望在现有的空间上能好好发掘，既能实现大宅的功能和感觉，又要控制装修成本。基于此要求，设计师充分利用住宅的层高和错层的特点，运用私密区和活动区的流线关系，将现代风格融入中式元素，同时加入东南亚风格的装饰素材，让整个空间既时尚华美，又不失大气高贵，同时既节约装修成本，又更好地满足了业主对居家生活的最大需求，让业主真正体会到物有所值的装修体验。

该项目融合了中西方文化的精华，既有美式乡村的自然回归，又融入古典文化的内敛细腻，摒弃了繁琐的设计，讲究心灵的自然回归，西方文化的张扬和中式古典的内敛在同一个空间里并行不悖，水乳交融。

"东"与"西"的幸福生活

常熟市虞景山庄别墅样板间

开发商：常熟市长甲置业有限公司　　　　主设计师：巫小伟　　　　　　收稿时间：2012年
室内设计：巫小伟设计事务所　　　　　　项目面积：400平方米　　　　　供稿：巫小伟设计事务所
项目地点：江苏 常熟　　　　　　　　　　主要材料：仿古砖、石材、壁纸、饰面板、实木地板　　采编：何晨霞

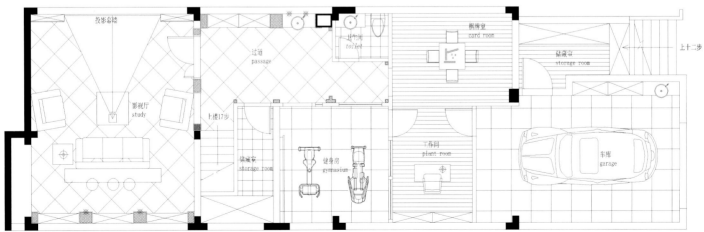

地下层平面布置图

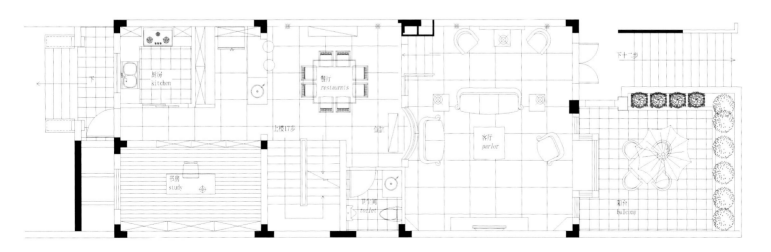

一层平面布置图

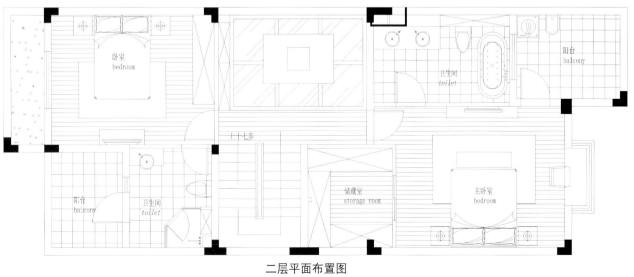

二层平面布置图

本案融合了中西方文化的精华，既有美式乡村的自然回归，又融入古典文化的内敛细腻，摒弃了繁琐的设计，讲究心灵的自然回归，西方文化的张扬和中式古典的内敛在同一个空间里并行不悖，水乳交融。设计师拿到本案后首先明晰了各层功能区域的划分，各层划分为不同的功能区域。地下室以娱乐为主，设置了影视厅、健身房、棋牌室等娱乐空间；一层为公共活动区域，分隔成客厅、厨房、餐厅、书房等公共区域；二层和三层为业主私密区域，卧室、业主休闲区等设置在此处。

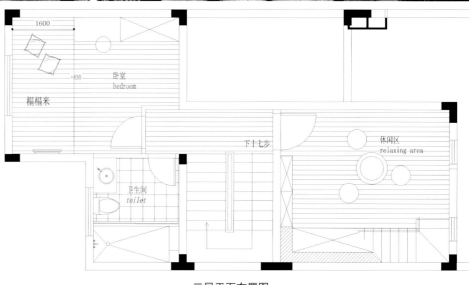

三层平面布置图

该项目室内设计以新东方主义作为视觉定义，因为地处优越的地理位置，在室内设计和装修档次上要求体现其价值感。设计师在空间和视觉美感上做了精心的安排。在设计中巧妙地处理了空间与空间的过渡，让参观者步步有惊喜，每一个细节都体现开发商追求高品质和打造精品的决心，在空间和细节上都体现原创，给参观者与过往不同的体验。

新东方主义的现代奢华

南昌香逸南湾T3户型样板房

开发商：南昌铜锣湾广场投资有限公司　　主设计师：胡笑天　　　　　　收稿时间：2013年
室内设计：香港笑天设计策划有限公司　　项目面积：320平方米　　　　供稿：香港笑天设计策划有限公司
项目地点：江西 南昌　　　　　　　　　主要材料：大理石、壁纸、饰面板、实木地板、墙漆、墙纸　　采编：何晨霞

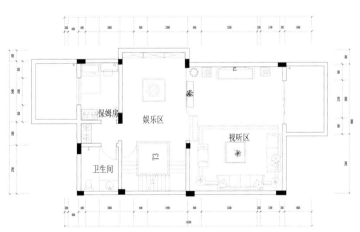

地下层平面布置图

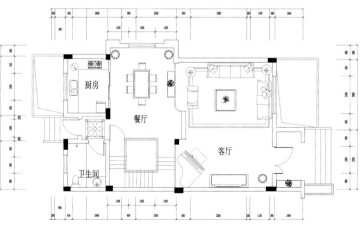

一层平面布置图

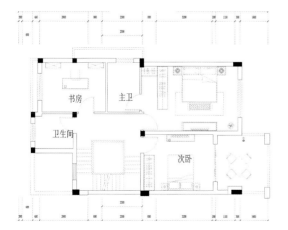

二层平面布置图

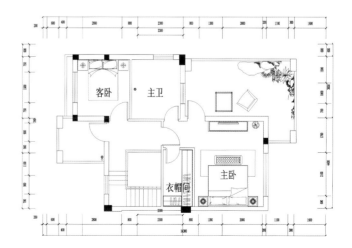

顶层平面布置图

该项目室内设计以新东方主义作为视觉定义，因为地处优越的地理位置，在室内设计和装修档次上要求体现其价值感。设计师在空间和视觉美感上做了精心的安排。在设计中巧妙地处理了空间与空间的过渡，让参观者步步有惊喜，每一个细节都体现开发商追求高品质和打造精品的决心，在空间和细节上都体现原创，给参观者与过往不同的体验。

本案以黄、黑调为居室主色调。深木色的餐椅与茶镜木饰面形成一种统一，表现出主人大方的好客之势。客厅挑高空间，沙发利用木饰面的块面与不同比例的线条，表达出空间的整体气势。而电视背景墙面，利用砂岩石天然感与茶镜表面垂感很强的金属珠帘，在享受行云流水般欢快感觉的同时有回到大自然界的轻松。而挑高的顶面利用整体流畅的白色线条，更呼应了流水般的快感。

享受行云流水般欢快感觉

宁波阳光茗都样板房

开发商：浙江兴润置业投资有限公司　　　主设计师：林卫平　　　　　　收稿时间：2012年
室内设计：宁波西泽装饰设计工程有限公司　项目面积：260平方米　　　　供稿：林卫平
项目地点：浙江 宁波　　　　　　　　　主要材料：仿大理石瓷砖、玻璃、墙纸、木饰面板、实木地板、墙漆　　　采编：何晨霞

一层平面布置图

二层平面布置图

本案以黄、黑调为居室主色调。深木色的餐椅与茶镜木饰面形成一种统一，表现出主人大方的好客之势。客厅挑高空间，沙发利用木饰面的块面与不同比例的线条，表达出空间的整体气势。而电视背景墙面，利用砂岩石天然感与茶镜表面垂感很强的金属珠帘，在享受行云流水般欢快感觉的同时有回到大自然界的轻松。而挑高的顶面利用整体流畅的白色线条，更呼应了流水般的快感。进入门厅，一面天然橡木饰面墙结合茶色镜面的反射感，在令人感觉到和谐的同时，体味到设计师以低调线条方式提升整体空间的品质。在材料的表达上，设计师选配了茶色镜面的硬质与天然木饰面的天然纹理，并结合比例各一的线条形式，让屋主置中其中，享受与室外景色遥相呼应的宁静和谐。

如果说一首诗里字与字之间的构组，不断地琢磨和精简之后，反射的心灵图像与外观画面，往往超越了文字之间的框架。那么经过设计的空间里，每个元素的存在皆通过不断地斟酌与推敲之后，才被放置在一个恰到好处的位置，都是设计者个人思维经过提炼、浓缩、整合、组织之后，衍生出的情感超越了设计本身。秋季是成熟的季节，本案沉稳的色调与之遥相呼应，安逸而隽永。如同此案提炼自唐诗却融入了生活方式。

超越空间形式的设计语言

长沙优山美地样板房

开发商：湖南象屿置业有限公司
室内设计：厦门宽品设计顾问有限公司
项目地点：湖南 长沙

主设计师：张坚 许江滨
项目面积：160平方米
主要材料：瓷砖、玻璃、墙纸、木饰面板、实木地板、墙漆

收稿时间：2012年
供稿：张坚
采编：何晨霞

平面布置图

半隔半透的金色夹纱玻璃宛如秋天飘落的枯黄树叶，隐约透着含蓄优雅的东方美感。 温暖的木色与柔和触感的精致布品营造出精致柔美的生活温度，构成引人吟味的生活风景。

如果说一首诗里字与字之间的构组，不断地琢磨和精简之后，反射的心灵图像与外观画面，往往超越了文字之间的框架。那么经过设计的空间里，每个元素的存在皆通过不断地斟酌与推敲之后，才被放置在一个恰到好处的位置，都是设计者个人思维经过提炼、浓缩、整合、组织之后，衍生出的情感超越了设计本身。秋季是成熟的季节，本案沉稳的色调与之遥相呼应，安逸而隽永。如同此案提炼自唐诗却又融合了生活方式。